CATALOGUE N° 1.

VILLE DE PARIS

SERVICE MUNICIPAL

DES

PROMENADES ET PLANTATIONS

EXTRAIT DU CATALOGUE GÉNÉRAL

DES VÉGÉTAUX CULTIVÉS AU JARDIN FLEURISTE DE LA VILLE DE PARIS

137, Avenue de Saint-Cloud, 137

PLANTES DISPONIBLES

A TITRE D'ÉCHANGE.

ANNÉE 1864

CATALOGUE N° 1.

VILLE DE PARIS

SERVICE MUNICIPAL

DES

PROMENADES ET PLANTATIONS

EXTRAIT DU CATALOGUE GÉNÉRAL

DES VÉGÉTAUX CULTIVÉS AU JARDIN FLEURISTE DE LA VILLE DE PARIS

137, Avenue de Saint-Cloud, 137

PLANTES DISPONIBLES

A TITRE D'ÉCHANGE.

ANNÉE 1864

AVIS ESSENTIEL.

CONDITIONS D'ÉCHANGE

La ville de Paris adresse aux établissements scientifiques et spécialement aux horticulteurs, le présent extrait du catalogue des végétaux multipliés dans les cultures de la Muette, à Passy, et servant à l'ornementation des jardins publics de la capitale.

Afin d'en vulgariser l'emploi, la ville de Paris offre ces végétaux, à titre d'échange, contre une valeur égale de plantes nouvelles, ou autres, qui lui paraîtront utiles sous le rapport ornemental, et qu'elle ne possède pas.

Les établissements d'horticulture qui ne pourraient offrir, par voie d'échange, des plantes convenant aux cultures de la ville, auront la faculté de faire fournir, par un de leurs confrères, une valeur égale de végétaux que l'Administration désignera.

Aucune proposition d'achat, payable en argent, ne sera admise par l'Administration.

Chaque année, les modifications apportées à la valeur des végétaux offerts, seront annoncées par l'Administration, qui fera connaître en même temps, les végétaux nouveaux et intéressants dont elle pourra disposer.

Les demandes d'échange doivent être adressées, par lettres affranchies, *à M. le Jardinier en chef de la ville de Paris*, 137, *avenue de Saint-Cloud, Paris.*

TARIF

Des emballages et fournitures de pots, établi d'après le prix de revient.

Le prix de l'emballage des plantes est établi en raison de la grandeur des paniers employés, et varie . . . . de 2 à 4 fr.

S'il y a lieu d'employer des caisses, le prix en sera calculé à raison de 4 fr. par mètre carré de superficie.

AVIS

Les frais de transport sont à la charge des correspondants.

A moins d'avis contraire, les expéditions sont faites par les chemins de fer, grande vitesse.

Toutes les précautions sont prises pour assurer la bonne arrivée et la parfaite conservation des plantes qui voyagent *aux risques et périls du destinataire.*

SERVICE MUNICIPAL

DES

PROMENADES ET PLANTATIONS

DE LA VILLE DE PARIS.

PLANTES DISPONIBLES A TITRE D'ÉCHANGE

Plantes de serre chaude, de serre tempérée, d'orangerie et de pleine terre.

Abréviations : *C.* serre chaude; *T.* serre tempérée ; *F.* serre froide ; *PT,* pleine terre.

		fr.	c.
F.	ACANTHUS LUSITANICUS. Belle plante pour orner les appartements, et très-propre à décorer les pelouses, en été	1	»
	— — forts	3	»
C.	ADELASTER ALBIVENIS. Jolie plante grimpante, à feuilles d'un vert sombre, nervées de blanc	3	»
T.	ÆRVA SANGUINOLENTA. (*Desmochæta sanguinolenta*). Petite amarantacée à feuilles rouges	1	»
C.	ALPINIA NUTANS (*Globa nutans*). D'un bel effet, en pleine terre de bruyère, pendant l'été	1	»
P. T.	ALYSSUM SAXATILE FOL. VARIEG. Très-jolie plante pour bordures	1	»
	— ATLANTICUM. Même emploi	2	»
	ANDROPOGON. (Voir aux collections spéciales : *Graminées ornementales.*)		
C.	ALOCASIA. (Voir aux collections spéciales : *Aroidées.*)		
P. T.	ARABIS LUCIDA FOL. ELEG. VARIEG. Une des plus jolies plantes à feuilles panachées, pour bordures plates	1	»

		fr.	c.
P. T.	ARABIS MOLLIS FOL. ARGENT. VARIEG. Charmante espèce à employer pour bordure de plate-bandes et de corbeilles..	1	»
	ARALIA. (Voir aux collections spéciales : *Araliacées.*)		
C.	ARTANTHE CORDIFOLIA. Pipéracée gigantesque, encore rare, que nous présumons pouvoir être livrée à la pleine terre, pendant l'été. .	15	»
F.	ARTEMISIA ARGENTEA. Belle plante vivace, blanc d'argent, pouvant être employée en bordure de massifs, devant des feuillages foncés.	1	»
	ARTOCARPUS. (Voir aux collections spéciales : *Ficus.*)		
	ARUNDO. (Voir aux collections spéciales : *Graminées ornementales.*)		
C.	ASPIDISTRA ELATIOR FOL. VARIEG. Très-belle plante d'appartement, pouvant être employée en pleine terre, pendant la belle saison, pour garnir la base des plantes à tiges. Exposition ombragée..	1	»
	— — forts.	3	»
	BAMBUSA. (Voir aux collections spéciales : *Graminées.*)		
C.	BEGONIA. (Voir aux collections spéciales.)		
T.	BLUMEA MACROPHYLLA. Plante à grand feuillage, d'une belle végétation, en pleine terre, pendant l'été.	3	»
T.	BOCCONIA FRUTESCENS. Papavéracée à grandes feuilles glauques. Végétation vigoureuse. Produit un bel effet, isolée ou en groupes, sur les pelouses.	3	»
C.	BOEHMERIA ARGENTEA. Urticacée à grandes feuilles ; elle demande la terre de bruyère et l'ombre, pendant l'été. .	1	»
	— — forts.	3	»
	CALADIUM (Voir aux collections : *Aroïdées.*)		
	CANNA (Voir aux collections spéciales.)		
C.	CARLUDOVICA PALMATA. Espèce de serre chaude très-ornementale, pouvant être employée en corbeille ou en massifs, pendant l'été, en pleine terre de bruyère.	10	»
	— PLICATA. Très-belle espèce de serre froide, pouvant être employée comme bordure		

fr. c.

de la précédente, à mi-ombre, et en terre de bruyère. 10

F. CASSIA FLORIBUNDA. Une des plus belles plantes d'ornement en pleine terre, pendant l'été. On peut utiliser les gros pieds sur les pelouses, comme plantes isolées, et les petits, en massifs. . . . . 1 »

— — forts pieds. . . . . 2 »

— GRANDIFLORA. Espèce voisine de la précédente. . . . . 1 »

— — forts. . . . . 2 »

— LÆVIGATA. Espèce à floraison tardive. . . . . 1 »

— — forts. . . . . 2 »

F. CENTAUREA CANDIDISSIMA. C'est une des merveilles du règne végétal. Par son ensemble, du plus beau blanc argenté, cette plante produit un effet admirable en corbeille, ou comme bordure de feuillages plus foncés, ou colorés. . . . . 2 »

— GYMNOCARPA. Cette espèce atteint des dimensions plus grandes que la précédente ; son feuillage, moins argenté, est élégamment découpé. Employée par groupes de trois, sur les pelouses et près des allées, elle produit un très-bel effet. . . . . 1 »

C. CENTRADENIA GRANDIFLORA. Jolie plante, à fleurs roses, fleurissant tout l'hiver en serre chaude. . 3 »

P. T. CERASTIUM BIEBERSTEINII. Bonne petite plante à feuilles blanchâtres, pour bordures. . . . . 1 »

CINERARIA MARITIMA (Voir *Senecio cineraria*.)

P. T. CINNA ARUNDINACEA (Voir aux collections spéciales : *Graminées*.)

P. T. CHEIRANTHUS CHEIRI FOL. VARIEG. Peut être employé à faire de jolies bordures de massifs. . . . 1 »

F. CHRYSANTHEMUM CORONARIUM FLORE PLENO. Très-jolie espèce à fleurs pleines. Elle peut être avantageusement employée pour plate-bandes, et pour corbeilles, où elle fleurit pendant toute la

fr. c.

belle saison. 2 *Variétés*, — *à fleurs blanches*, — *à fleurs jaunes* . . . . » 50

F. CHRYSANTHEMUM CORONARIUM FLORE PLENO. La douzaine. 5 »

F. CLEOME PUNGENS. Belle capparidée qui, conservée pendant plusieurs années en orangerie, devient en pleine terre pendant toute la belle saison un grand arbuste, se couvrant de fleurs roses. .

— — forts. . . . . 1 »

C. COLEUS VERSCHAFFELTII. Magnifique plante pour bordure et pour corbeilles. La couleur rouge pourpre de ses feuilles la fait agréablement ressortir, sur des fonds d'une autre nuance. . . . . » 50

— — la douzaine. . . . . 5 »

— SCUTELLARIOIDES (*C. nigricans*.) Nouvelle espèce, à feuillage d'une couleur métallique noirâtre. Elle peut servir de bordure à la précédente, ou contraster avec des feuillages blancs. . . . . 1 »

— — la douzaine. . . . . 10 »

C. COMMELYNA ZEBRINA. (*Tradescantia zebrina*). Charmante plantes à feuilles colorées de violet, de vert, et de blanc, très propre à garnir les jardinières d'appartement et les lampes à suspension. Elle produit un bel effet comme garniture de corbeilles plantées de végétaux à tiges élevées. . . . . » 50

— — la douzaine. . . . . 5 »

CORDYLINE. (Voir aux collections spéciales : *Dracæna*.)

CRAMBE CORDIFOLIA. Crucifère rustique, à très-grand feuillage, très-propre à l'ornementation des rochers. . . . . 2 »

C. CURCULIGO RECURVATA. Plante très-rustique pour les

fr. c.

appartements, et formant de belles bordures, autour de presque tous les massifs de végétaux exotiques, pendant l'été. . . . . 1 »

C. CURCULIGO RECURVATA. Forts.. . . . . 2 »

T. CYRTHANTHERA MAGNIFICA. (*Justicia carnea.*) Magnifique plante, remarquable par sa riche floraison. D'un grand effet ornemental en pleine terre, pendant l'été. . . . . » 50

— — forts . . . . 1 »

C. CYPERUS ALTERNIFOLIUS NANUS. Cette espèce sera très-propre à être employée en bordure du *C. papyrus*. . . 1 »

C. — — ALBO VARIEG. Charmante variété du précédent, à feuilles entièrement blanches, ou blanches avec bandes vertes. Belle parure de serre chaude . . . . 5 »

C. — PAPYRUS (*Cyperus syriacus*). Cette plante, cultivée depuis longtemps en serre chaude, devient, mise en pleine terre pendant l'été, et en lui donnant beaucoup d'eau, une des plus admirables plantes d'ornement qu'on puisse imaginer. Sa conservation est facile en serre chaude, pendant l'hiver. . . . . 3 »

forts . . . . 5 »

F. — PARELLATUS. Plante aquatique propre à l'ornementation des bassins. . . . . 1 »

F. DAHLIA FOLIIS VARIEG. Espèce très-ornementale par ses feuilles panachées de blanc d'argent; bonne à employer en massifs ou en corbeilles, en ayant soin de la pincer pour la faire ramifier. 1 »

T. DAUBENTONIA MAGNIFICA. Superbe espèce très-florifère et très ornementale, bien supérieure au *D. tripetiana* . . . . 10 »

		fr. c.
T.	DESMOCHÆTA SANGUINOLENTA. (Voir *Ærva sanguinolenta.*)	» »
P. T.	DIANTHUS SEMPERFLORENS. Œillet vivace, très-joli, pouvant passer l'hiver en pleine terre, et fleurissant continuellement; c'est une excellente plante pour bordures et corbeilles.	» 50
	— — La douzaine.	5 »
P. T.	— — MARIE PARÉ. Variété à fleurs blanches	1 »
P. T.	— — EMILE PARÉ. Variété panachée rose	1 »
C.	DIEFFENBACHIA RADICANS FOL. VARIEG. Jolie *Aroïdée* de serre chaude, pouvant être employée aux garnitures d'appartement	2 »
T.	DIPTERACANTHUS HERBESTII. Plante vigoureuse pour la pleine terre en été	» 50
	— SPECTABILIS. Très-jolie plante, à grandes fleurs bleues, formant de belles corbeilles pendant la belle saison. Elle demande une exposition chaude et la terre de bruyère. .	» 50
C.	DISTEGANTHUS BASILATERALIS. Une des plus belles broméliacées connues, atteignant de grandes dimensions. Cette plante peut vivre très-longtemps dans les appartements	3 »
C.	ENTELEA ARBORESCENS. Plante à grand feuillage, et à végétation vigoureuse, pour la pleine terre, en été	3 »
C.	— PALMATA. Pour la pleine terre pendant l'été. (Espèce peu remarquable.).	1 »
P. T.	EPILOBIUM HIRSUSTUM FOL. VARIEG. Superbe plante aquatique pour la décoration des bassins et rivières, feuillage argenté du plus bel effet.	1 »
	ERYANTHUS RAVENNÆ. (Voir aux collections spéciales : *Graminées.*)	
F.	ERYTHRINA CRISTA-GALLI. Une des plus belles plantes et des plus ornementales pour la pleine terre, pendant l'été, où elle ne cesse de fleurir jusqu'aux gelées. Il faut la conserver, durant	

fr. c.

l'hiver, en mottes sèches, dans une cave, ou sous la bâche d'une serre, pour la remettre en végétation, au printemps, avant de la livrer à la pleine terre. . . . 1 »

F. ERITHRIMA CRISTA-GALLI. Très-forts. . . . . 5 »

F. — FLORIBUNDA. Très-jolie variété à fleurs rouge foncé — Même usage . . . . 1 »
très-forts . . . . 10 »

— LAURIFOLIA. Espèce plus grande mais moins florifère que les précédentes . . . . 1 »

— MARIE BELLANGER. Magnifique variété se couvrant de long rameaux rouge. — Même usage. . . . . 1 »
très-forts. . . . . 10 »

— RUBERRIMA. La plus éclatante de toutes les variétés d'*Erythrina* obtenues par M. Bellanger. Floraison continue . . . . 2 »

F. EUCALYPTUS GIGANTEUS. Très-belle plante, nouvelle, à livrer à la pleine terre, pendant l'été. Végétation très-rigoureuse. Cette espèce ne ressemble en aucune façon à ses congénères . . . . Forts . 20 »

— GLOBULUS. Cette plante, qui a fait sensation depuis deux années, acquiert, dans l'espace d'une saison, la végétation la plus vigoureuse de tous les végétaux susceptibles de supporter la pleine terre, durant l'été, sous notre climat. Il n'est pas rare de voir des pousses atteindre cinq mètres de hauteur, dans une seule saison. Son feuillage, d'un vert glauque azuré, et quelquefois teinté de rose, produit le plus bel effet dans le paysage. . . . . Moyens. 1 »
de 1 mètre. . . . . 5 »
de 3 mètres . . . . 20 »

— SALICIFOLIA. Espèce plus grêle que l'*E. globulus* . . . . 3 »

— VIMINALIS. Gracieuse et élégante espèce. . . 3 »

F. EURYBIA LEPTOPHYLLA. Jolie composée fleurissant abondamment en automne . . . . 1 »

— ROSMARIFOLIA. Très-jolie espèce couverte pen-

fr. c.

dant toute l'arrière saison d'une profusion de petites fleurs blanches. . . . . 1 »

FICUS. (Voir la collection spéciale des *Artocarpées*. . . .

F. GAZANIA EUCHROLEUCA. . . . . 1 »

— GRANDIFLORA SPLENDENS. (la douzaine 5 fr.). . » 50

— — INGELRESTII . . . . 1 »

Les *Gazania* produisent un superbe effet plantés en bordure, à une exposition chaude. Ils couvrent facilement le sol, et fleurissent abondamment pendant tout l'été.

C. GLOBA NUTANS. (Voir *Alpinia nutans*.)

F. GNAPHALIUM LANATUM. Très jolie-plante à feuilles laineuses et blanches, très-convenable pour faire des bordures de corbeilles, composées de plantes à feuillage foncé, ou coloré. . . . . . . » 50

— — la douzaine. . . . . 5 »

P. T. GUNNERA SCABRA. Les feuilles et l'ensemble de cette plante atteignent des dimensions gigantesques (3 m.). Il faut la planter dans de très-bonnes conditions, c'est-à-dire dans un sol parfaitement préparé, et très-riche en humus. Beaucoup d'eau pendant sa végétation. Le *Gunnera scabra* est beaucoup plus ornemental que les *Rheum*. Il doit être planté isolément sur les pelouses, et a besoin d'une couverture de feuilles pendant l'hiver. — Doit être préservé de l'humidité. 3 »

C. HEBECLINIUM ATRORUBENS. Belle composée à grand feuillage, à tige rougeâtre et velue, vigoureuse en pleine terre pendant l'été. Riche floraison en automne. . . . . 3 »

C. — IANTHINUM (*Conoclinium*.) Floraison facile, large corymbe lilas pendant tout l'hiver, en serre tempérée. . . . . 1 »

C. — MACROPHYLLUM. Très-belle végétation en pleine terre pendant l'été : grand corymbe lilas, et rouge, pendant l'hiver, en serre. . . . . 3 »

P. T. HEDEREA HELIX FOLIIS LATIMACUL. Très-joli Lierre nouveau à feuilles largement maculées de jaune. . . . . 1 »

		fr.	c.
C.	HEDYCHIUM ANGUSTIFOLIUM. Plante vigoureuse en pleine terre, durant l'été.	1	»
C.	— CORONARIUM. Rustique pour la pleine terre, en été	1	»
C.	— GARDNERIANUM. La plus belle espèce du genre, fleurissant abondamment en pleine terre, pendant l'automne.	1	»
C.	— FLAVESCENS. Espèce vigoureuse pour la pleine terre, en été.	1	»
C.	— PURPUREUM. Très-belle espèce à feuilles et tiges pourprées : n'a pas encore fleuri ici.	5	»
P. T.	HELIANTHUS ORGYALIS. Plante vivace, éminemment ornementale, formant de belles touffes à feuillage élégant, et se terminant, à la fin de l'été, par de très-nombreuses fleurs jaunes. A isoler sur les pelouses	1	»
C.	HELICONIA ANGUSTIFOLIA.	3	»
C.	— BRASILIENSIS.	3	»
C.	— BUCCINATA.	3	»
C.	— METALLICA.	5	»
C.	— PULVERULENTA.	3	»
	Les *Heliconia* ne s'accommodent pas, généralement, de la pleine terre, en été. Ils sont remarquables, comme toutes les musacées, par leur beau port et leur belles végétation en serre, où ils donnent des fleurs curieuses par leur bizarrerie, et se rapprochant beaucoup de celles des *Strelitzia*.		
P. T.	HERACLEUM GIGANTEUM. Gigantesque ombellifère vivace, produisant un très-bel effet ornemental sur les grandes pelouses et près des pièces d'eau. Ses feuilles atteignent 1 m. 50 c. de longueur.	1	»
C.	HIBISCUS FEROX. Plante à très-grand feuillage et à belle végétation pendant l'été, livrée à la pleine terre, à mi-ombre, dans un compost riche en humus	5	»
T.	— GIGANTEUS. Très-belle espèce ornementale, à très-grandes et nombreuses fleurs jaunes et brunes, se succédant pendant tout l'été. Excellente plante		

			fr.	c.
		pour massifs, ou groupes, sur les pelouses. — Exposition chaude.	3	»
T.	HIBISCUS	GIGANTEUS PALMATUS. Variété de la précédente. — Même emploi. . .	3	»
T. F.	—	MUTABILIS. Grande espèce d'orangerie. Floraison difficile	2	»
	—	LACUSTRIS. Très-belle espèce vivace de pleine terre, à fleurs blanc-carné.	2	«
C.	—	ROSA SINENSIS. De serre chaude en hiver. Cette plante, d'un grand usage dans les jardins publics de Paris, où elle se couvre, pendant toute la belle saison, d'innombrables fleurs rouges, très-larges, est plantée en corbeilles de terre de bruyère. On la rentre ensuite en serre chaude, où elle continue à fleurir tout l'hiver. — (Exposition chaude pendant l'été.) C'est une des plantes les plus ornementales pour la pleine terre, pendant la belle saison.		
	— —	petits	1	»
	— —	de 75 centimètres	5	»
	— —	de 1 mètre 50 centim . . .	10	»
P. T.	—	SPECIOSUS ROSEUS. Espèce vivace de pleine terre, à végétation vigoureuse, et formant des touffes qui se couvrent, pendant toute la fin de l'été et l'automne, de grandes fleurs d'un rose vif éclatant. Cette plante est des plus ornementales et des plus brillantes. Elle demande un sol riche et profond, et de fréquents arrosements pendant sa végétation. — (A planter isolément sur les pelouses). —On devra lui donner un léger abri de feuilles pendant l'hiver. . . .	1	»
F.	IPOMEA	VIOLACEA. Très-belle convolvulacée à végétation vigoureuse pendant l'été, et donnant, en automne, de larges fleurs violette. Elle		

fr. c.

peut être très-utilement employée en pleine terre, pendant l'été, pour couvrir des murs. 1 »

F. LANTANA QUEEN VICTORIA. La plus jolie variété connue, à fleurs blanches, pour la pleine terre, pendant l'été. . . . . » 50

T. LIBONIA FLORIBUNDA. Très-jolie acanthacée à nombreuses fleurs rouges et jaunes. . . . . . 3 »

F. LIGULARIA KOEMPFERI FOL. AUREO MACUL. (*Farfugium grande*) Très-jolie plante pour bordure de corbeilles, ou massifs de *Rhododendron*, et autres végétaux de terre de bruyère. . . . . . 1 »

F. — — FOLIIS ARGENT VARIEG. Feuilles à larges panachures argentées. Espèce nouvelle d'un grand mérite, et du plus bel effet en terre de bruyère, pendant l'été.. . . . . 10 »

F. LOBELIA GRACILIS STRICTA. Charmante petite plante à fleurs bleues, avec lesquelles on forme de jolies bordures, couvertes de fleurs pendant toute l'année. . . . . » 50
la douzaine . . . . 5 »

— ERINUS PAXTONII. Admirable variété à fleurs bleues et blanches. Floraison pendant toute l'année. —Même emploi que l'espèce précédente. . . . . 1 »
la douzaine. . . . . 10 »

F. MELIANTHUS MAJOR. Grand feuillage glauque, très-ornemental. Plante à isoler sur les pelouses. . 2 »

C. MEYENA ERECTA. Jolie acanthacée ligneuse, de serre chaude. Fleurit pendant huit mois de l'année. . . . .
— — forts . . . . 3 »
— ALBA. Même mérite. . . . . 4 »

C. MONTAGNÆA HERACLEIFOLIA (*Polymnia grandis.*) Composée atteignant de très-grandes proportions dans la même année (4 à 5 mètres). Son grand feuillage, élégamment et profondé-

fr. c.

ment lacinié, en fait une plante très-ornementale pour les pelouses. . . . . 2 »

c. MONTAGNÆA GRANDIS. Variété de l'espèce précédente à feulilage plus ample. — Végétation plus corsée. 3 »

c. MUSA. (Voir aux collections spéciales.)

c. NICOTIANA WIGANDIOIDES. Très-grand tabac d'une végétation excessivement vigoureuse, feuillage rivalisant avec cèlui du *Wigandia*. Très-propre à la décoration des pelouses. 2

— — extra-fort . . . . 20 »

PARATROPIA. (Voir la collection générale des *Araliacées*.)

c. PANICUM PLICATUM. Superbe graminée, à feuillage élégamment plissé, très-bonne pour faire des bordures aux massifs de *Canna*. Cette plante est d'un grand secours pour l'entourage des grands bouquets, et pour la composition des vases de fleurs coupées, dans les appartements. . . . . » 50

— — la douzaine. . . . . 4 »

PELARGONIUM. (Voir la collection spéciale.)

c. PERYMENIUM DISCOLOR. (Voir *Schistocarpha bicolor*.)

c. PHILODENDRON. (Voir aux collections spéciales : *Aroïdées*.)

c. POLYMNIA CANADENSIS. Espèce nouvelle qui n'a pas encore fleuri ici. . . . . 2 »

— MACULATA. Composée, extra vigoureuse, produisant un véritable feu d'artifice de fleurs jaune d'or, pendant tout l'automne. Ces fleurs ont un peu l'aspect de celles de l'*Helianthus Orgyalis*. Une plante de deux ans peut acquérir, en pleine terre pendant l'été, un diamètre de 3 mètres, sur une hauteur semblable. C'est un magnifique ornement pour les grandes pelouses. . . . 2 »

— SPECIES? Plante nouvelle atteignant des proportions plus grandes que la précédente.

fr. c.

Elle n'a pas encore fleuri ici. Par sa grande taille et sa belle végétation, elle est très-propre à orner les pelouses. . . . . 5 »

C. PTEROSPERMUM ACERIFOLIUM. Superbe plante ligneuse, à feuilles argentées, produisant un bel effet en pleine terre, pendant l'été. (Isoler sur les pelouses. — Terre de bruyère bien drainée.) . . . . 5 »

RAVENALA GUYANENSIS. (*Phenacospermum G.*). Espèce ornementale de serre chaude . . . . 20 »

RIVINA HUMILIS. Très-jolie petite plante se couvrant de petits fruits rouges, pendant tout l'hiver. Excellente pour les garnitures d'appartement . . . . 1 »

C. — LÆVIS. Aussi méritante que la précédente. — Proportions plus grandes. . . . . 1 »

C. RUSSELIA JUNCEA. Formant de très-jolis massifs, ou corbeilles, en pleine terre, pendant l'été . . . . 1 »
La douzaine. . . . . 10 »

F. SALVIA LANTANÆFOLIA. Nouvelle et charmante sauge, très-florifère pendant l'automne, en pleine terre; et l'hiver, en serre . . . . 2 »

SACCHARUM. (Voir la collection spéciales des *Graminées ornementales*.)

P. T. SAPONARIA OCYMOÏDES. Jolie petite plante vivace, indigène, se couvrant, au printemps, de myriades de fleurs roses. Par sa floraison de plus longue durée, elle peut remplacer avec avantage le *Silene pendulo*, dans la confection des bordures et des garnitures de corbeilles. Nous recommandons tout particulièrement cette charmante petite plante vivace, à tous les possesseurs de jardin. . . . » 50
La douzaine. . . . . 4 »

C. SCHISTOCARPHA BICOLOR. (*Christocarpus albus. Peyrimenium discolor*). Composée gigantesque,

fr c.

remarquable par une forte végétation, et un très-beau feuillage. D'un grand effet ornemental pour la décoration des pelouses en été . . . . 1 »

F. SEDUM CARNEUM VARIEGAT. Miniature à feuilles argentées, propre à faire de charmantes petites bordures pendant l'été (doit être plantée très-serrée). . . . . » 50

— — la douzaine. . . . . 3 »

P. T. — FABARIUM. Belle espèce ornementale; floraison d'automne, en pleine terre. . . . . 1 »

P. T. — TELEPHIUM PURPUREUM. Espèce à feuilles rouges, d'un bon usage pour bordures . . . . 1 »

F. SENECIO PETASITES (*S. platanifolia*). Plante ancienne, d'un superbe effet, en groupes ou en massifs, en pleine terre, pendant la belle saison; elle ne cesse, pendant trois mois, de produire de larges corymbes de fleurs jaunes. . . . . 2 »

— — forts. . . . . 3 »

F. — CINERARIA (*cineraria maritima*). Plante d'orangerie à feuillage blanchâtre, d'un bel effet en bordure de massifs, ou de plantes à feuillage coloré. . . . . . . » 50

— — la douzaine. . . . . 5 »

F. — CINERARIA ARGENTEA. Variété de la précédente, à feuillage complétement argenté, d'un effet bien supérieur. . . . . 1 »

T. — GHIESBRECHTII. Superbe plante à grand feuillage et à végétation vigoureuse, à employer pendant la belle saison, en terre de bruyère, pour groupes ou pour corbeilles. 3 »

— PLATANIFOLIA (Voir *S. petasites.*)

SOLANUM. (Voir aux collections spéciales).

F. SONCHUS LACINIATUS. Très-jolie et gracieuse composée, à placer isolément sur le bord des pelouses, pendant la belle saison. Son grand feuillage très-élégamment découpé, produit un charmant effet. . . . . 1 »

		fr.	c.
C.	STRELITZIA REGINÆ.	10	»
	— NANA. Les *Strelitzia* sont de très-belles plantes de serre chaude, à floraison remarquable. .	10	»
F.	TAGETES LUCIDA. Très-jolie espèce vivace formant des touffes couvertes, pendant tout l'été, de quantité de fleurs jaunes. Indispensable pour bordures, ou pour parterres à la française. . . .	»	50
	— — la douzaine.	5	»
P. T.	TELEKIA CORDIFOLIA. Grande plante vivace, ornementale, pour rochers.	1	»
P. T.	THALIA DEALBATA. La plus belle plante aquatique, rustique, de toutes celles connues jusqu'à ce jour.	2	»
F.	TRITOMA BURCHELLII.	1	»
F.	— UVARIA.	1	»
	Les *Trinoma* sont de très-belles plantes vivaces, d'un très-bel effet ornemental, et fleurissant pendant tout l'été.		
P. T.	TROPEOLUM VAR. *Brillant*. Très-belle variété nouvelle, naine, pour bordure de corbeilles ou de massifs, pendant l'été. Très-recherchée en Angleterre	1	»
P. T.	— VAR. *Luciferum*. La plus brillante et la plus ornementale de toutes les capucines connues. Il suffit d'enterrer le pot en pleine terre, en le recouvrant de 1 à 2 centimètres seulement. De cette façon, cette plante fleurira abondamment pendant tout l'été. Nous la recommandons tout particulièrement aux amateurs de belles plantes. Elle est naine.	1	»
	— — les douze.	10	»
P. T.	— VAR. *Miss Nelson*. Très-jolie plante à floraison continue, l'été, en pleine terre, l'hiver, en serre. Fleurs rouge-carmin.	»	50
C.	UDHEA BIPINNATA. Très-belle plante de serre chaude, à grand feuillage, et à végétation vigou-		

fr. c.

reuse, Il faut la planter isolément, dans un compost riche en humus. Elle n'a pas encore fleuri ici. . . . . 2 »

C. URTICA ARBOREA. Plante à grand feuillage épineux. Peu répandu . . . . 1 »

C. — CARACASANA (*Urtica macrophylla*).

Les *Urtica* demandent une exposition chaude, mi-ombragée, en pleine terre de bruyère, pendant l'été. Éviter l'humidité stagnante. . . . . 2 »

C. VERBESINA ALATA. Très-belle végétation en pleine terre pendant l'été. Il faut la rentrer en serre avant les froids. Fleurs en capitules d'un beau rouge orangé . . . . 1 »

C. — GIGANTEA. Composée, d'une végétation luxuriante. A planter isolément sur les pelouses, en pleine terre, pendant l'été. N'a pas encore fleuri à la Muette . . . . 2 »

C. — SARTORI. Comme la précédente, très-belle végétation; floraison abondante de fleurs blanches à l'automne. Doit être rentrée en serre. Plante recommandable pour l'ornement des grandes pelouses. . . . . 2 »

T. WIGANDIA CARACASANA. Un des plus beaux et des plus populaires végétaux introduits dans ces dernières années. Végétation très-vigoureuse pendant l'été. Doit être planté, par groupes ou en massifs, dans un riche compost. Arrosements abondants . . . . 1 »

très-forts. . . . . 3 »

T. — URENS. Mérite égal. . . . . 1 »

très-fort. . . . . 3 »

COLLECTIONS SPÉCIALES

ARALIACÉES.

		fr.	c.
ARALIA DUNCANI.	Espèce délicate et mignonne	10	»
— PAPYRIFERA.	Une des plus belles plantes pour l'ornement des pelouses, en été, soit en groupes, soit isolée. Ses feuilles atteignent facilement 40 à 50 centimètres de diamètre. Pour obtenir une belle végétation, il faut placer cette plante dans un compost de terre de bruyère et de terreau, très-riche en humus, et lui donner beaucoup d'eau pendant sa période de végétation. . . . petits	1	»
— —	la douzaine	9	»
— —	moyens	2	»
— —	la douzaine	15	»
— —	très-forts	20	»
— SIEBOLDII.	Très-belle espèce, presqu'aussi ornementale que la précédente ; à employer de la même façon . . petits	3	»
— —	moyens	6	»
— —	très-forts	20	»

Notre collection d'Araliacées ornementales, qui se compose en ce moment de 36 espèces, sera multipliée pour l'année prochaine.

AROIDÉES.

Dans cette magnifique famille, les genres *Alocasia, Colocasia et Xanthosoma,* surtout, rappellent, par leur végétation luxuriante, et par l'aspect grandiose de leur feuillage, l'admirable végétation des contrées tropicales. Placées isolément ou en groupes, ces superbes plantes sont appelées à jouer le plus grand rôle dans la décoration des jardins paysagers, depuis le mois de mai jusqu'aux gelées. Nous avons réuni toutes les espèces pouvant offrir quelque intérêt sous le rapport ornemental, et susceptibles d'être cultivées dehors, pendant l'été. Notre collection se compose aujourd'hui de 54 espèces. Nous ne donnons ci-après, que la liste des espèces disponibles.

	fr.	c.
ALOCASIA ARGYRONEURA. Belle espèce à feuillage subcordiforme, orné de bandes blanches le long des principales nervures.	5	»
— CUCULLATA, *Schott*. Espèce sous-pubescente, à feuillage cucullé, rustique pour la pleine terre, en été	3	»
— — forts	5	»
— CUPREA, *Koch*. (*A. metallica*, Hook.). Plante de serre chaude. Feuillage à reflets cuivrés, le plus riche qu'on puisse imaginer. Cette magnifique plante est le complément de toutes les serres chaudes. .	30	»
— ERYTHRÆA, *Koch*. Belle espèce nouvelle à nervures rouges	4	»
— LOWII. Très-belle espèce à grandes feuilles ovales; nervures saillantes d'un blanc d'ivoire	25	»
— MACRORRHIZA, *Schott*. Port généralement étalé, forts pétioles, feuilles moyennes; rustique pour la pleine terre, en été.	3	»
— — forts	5	»
— — VARIEGATA. Admirable plante à feuilles très-largement panachées de blanc	10	»
— METALLICA, *Schott*. (*Caladium metallicum*, Hort.). Merveilleuse espèce à reflet métallique, atteignant de grandes proportions en serre chaude; très-ornementale, en été, en pleine terre, où elle paraît rustique	3	»
— — forts	5	»
— VEITCHII. Très-beau feuillage sagitté, à nervures blanches, saillantes. Plante exquise.	25	»
— ZEBRINA. Nouvelle introduction de M. Marius Porte. Longs pétioles blancs, zébrés de vert noirâtre. Cette plante est d'un très-bel effet ornemental pour les serres chaudes. C'est une des plus		

		fr.	c.
	belles introductions du genre. . . . . petits.	10	»
ALOCASIA ARGYRONEURA.	Moyens	25	»
— —	extra-forts	100	»
CALADIUM ARGYRITES.	Charmante petite espèce bulbeuse de serre chaude, à feuillage élégamment panaché de blanc	1	»
— BELLEYMII.	Le plus beau des Caladium bulbeux de serre chaude; feuillage blanc, nervures vertes. .	2	»
— CHANTINI.	Très-belle espèce bulbeuse de serre chaude, feuilles ornées de rose très-vif.	2	»
COLOCASIA ALBO-VIOLACEA.	Très-belle espèce à pétioles bruns, striés blanc pur; d'un très-bel effet, et très-rustique en pleine terre durant l'été. . . . . . petits	4	»
	forts	10	»
— ANTIQUORUM, *Schott.*	Grande espèce à feuilles moyennes, portées par de longs pétioles; réussit très-bien en pleine terre pendant l'été. Exposition chaude.	1	»
— —	forts	2	»
— BATAVIENSIS.	Cette espèce, à pétioles violacés à la base et à feuilles dressées, est peut-être la plus gigantesque et la plus rustique pour la pleine terre, où elle rivalise avec le *C. esculenta.* Elle demande les mêmes soins. petits.	3	»
— —	moyens	5	»
— —	forts	10	»
— —	très-forts.	25	»
— BORYI.	Espèce sous-frutescente, à feuillage vert clair, et à pétioles tigrés de brun; d'un bel effet. Cette espèce est plus délicate que ses congénères, pour la pleine terre. . . . . petits	5	»
— —	forts.	10	»
— EUCHLORA, *Schott.*	Superbe et noble espèce, à grand feuillage ondulé, d'un vert très-foncé, à port dressé et vigoureux. Cette plante, placée isolément en pleine terre pendant l'été, en fortes touffes, atteint 1 m. 75 c. de		

		fr.	c.
	hauteur sur 2 m. de largeur. petits	2	»
COLOCASIA EUCHLORA. *Scholt.*	Forts.	5	»
— ESCULENTA, *Schott.*	Les feuilles gigantesques de cette espèce (1 mètre de longueur sur 75 centimètres de largeur) la rendent une des plantes les plus ornementales, pour faire des groupes, ou des corbeilles en pleine terre, pendant l'été. On obtiendra une belle végétation de cette plante, en lui donnant un riche compost de terreau de feuilles et de fumier. Exposition chaude. . . . . petits	»	50
— —	moyens	1	»
— —	très-forts sujets de 10 ans.	20	»
— MARACAIBENSIS.	Espèce naine, propre à être placée en bordure des grandes espèces.	1	»
— NYMPHÆFOLIA, *Kth.*	Espèce rare, se garnissant de nombreuses et grandes feuilles d'un vert gai, à pétioles blanc mat. C'est une des belles espèces du genre. D'un très-bel effet en pleine terre pendant l'été.	25	»
— —	forts	50	»
— ODORA.	Grande espèce sous-frutescente, dont les feuilles acquièrent de grandes proportions en pleine terre. C'est une des espèces les plus ornementales pour la décoration des jardins paysagers. . . . . petits	1	»
— —	moyens.	3	»
— —	très-forts.	10	»
— SALLIERI.	Digne rival de l'*Esculenta*, dont il diffère par une végétation plus luxuriante. La base des pétioles est marquée de teintes violacées.		
— —	petits.	10	»
— —	moyens.	20	»
— —	très-forts.	50	»

PHILODENDRON PERTUSUM (*Monstera amena*). Superbe plante, remarquable par ses très-grandes feuilles laciniées et perforées; d'un grand effet décoratif en

fr. c.

pleine terre, l'été, au pied des rochers ou des vieux troncs d'arbres, à mi-ombre. . . . . 5 »

PHILODENDRON IMBE. Feuilles coriaces, ovales, cordiformes; plante rustique, en pleine terre, pendant l'été. . 2 »

REMUSIATA VIVIPARA, *Schott.* Aroïdée à grand feuillage, rustique en pleine terre, pendant l'été. Position abritée, mi-ombre. C'est une des plus belles Aroïdées connues. . . . . 1 »

XANTHOSOMA ATRO-VIRENS. *C. Koch* et *B.* Espèce vigoureuse, à feuillage étalé, pétioles violacés. Rustique en pleine terre pendant l'été. . . . . petits 2 »

— — forts. . . . . 4 »

— BELLOPHYLLUM. Forte végétation, feuillage moyen. Elle réussit bien en pleine terre l'été. . . . . petits 1 »

— — forts . . . . 2 »

— DIVARICATUM. Espèce encore rare, d'une belle végétation en pleine terre, pendant l'été. . . . . . . 5 »

— ÉRUBESCENS. Espèce gigantesque; large feuillage cordiforme, étalé; végétation vigoureuse en pleine terre, pendant l'été où l'ensemble de cette plante atteint facilement 3 mètres de diamètre. . . . . petits 5 »

— — forts. . . . . 10 »

— HASTÆFOLIA. Très-grande espèce à feuilles atteignant 1 m. 25 c. de longueur. Cette plante ne réussit bien, en pleine terre, que pendant les années chaudes à moins d'y suppléer par une couche chaude. . . . . petits 10 »

— — moyens. . . . . 20 »

— — très-forts. . . . . 50 »

— NIGRESCENS. Beau feuillage, pétioles noirs. Réussit bien en pleine terre pendant l'été. petits. . . . . 2 »

forts. . . . . 5 »

— MAFAFFA, *Schott.* Belle espèce à grand feuillage. et à pétioles bruns, se comportant bien en pleine terre. 10 »

— SAGITTIFOLIA, *Schott.* Plante vigoureuse en pleine terre, feuillage sagitté et dressé, petits. . . . . 2 »

	fr.	c.
XANTHOSOMA SAGITTIFOLIA, *Schott*. Forts	5	»
— SPECIES DE BORNEO. Espèce nouvelle ayant quelques rapports avec le *X. atrovirens*.	10	»
— SP. DE SIERRA LEONE. Espèce nouvelle ayant beaucoup d'analogie avec le *X. violacea*.	10	»
— VERSICOLOR, *Moritz*. Petite espèce vigoureuse, propre à faire des bordures aux grandes. . . . . petits	1	»
— — forts	2	»
— VIOLACEA. Espèce à pétioles violets, rustique en pleine terre et à mi-ombre. . . . . petits	»	50
— — moyens.	1	»
— — forts	2	»
ARISÆMA RINGENS. Belle et curieuse Aroidée, produisant un bel effet en pleine terre de bruyère, pendant les mois de juin et juillet.	2	»
— — SIEBOLDII. Comme la précédente, feuillage plus large	2	»

FICUS.

Cette collection se compose de presque toutes les espèces connues dans le commerce. Tous les horticulteurs savent le parti qu'on peut tirer, sous le rapport ornemental, de ces magnifiques plantes, en pleine terre, pendant la belle saison ; dans les serres et dans les appartements, pendant l'hiver.

Notre Catalogue pour 1865 contiendra, en plus des espèces indiquées ci-après, une vingtaine d'autres *Ficus* non disponibles en ce moment.

	fr.	c.
ARTOCARPUS IMPERIALIS (Voir *Ficus macrophylla*).		
FICUS AMAZONICA (*Urostigma amazonica*, Warsz.).	6	»
— BENGALENSIS, *Gasp*. (*Urost. B.*)..	3	»
— BENJAMINEA (*Urost. Benj.*, Miq.).	1	»
— BARBATA, *Wahl*.	1	»
— BRASSII (*Urost. Brasii*).	5	»
— COLLINA.	1	»
— COOPERII (*Urost. Cooperii*).	10	»
— CORDIFOLIA (*Urost.*).	3	»
— COSTARICENSIS (*Urost. Costarii*, Warsz.).	3	»
— CERASIFORMIS, *Desf*.	3	»
— DOLICA.	5	»

	fr.	c.
FICUS ELASTICA (*Urostigma élast.* Miq.)	2	»
— — VIRIDIS. (*Uro. el. virid.* V. P.)	2	»
— FERRUGINEA (*Urost. ferr.* Miq.)	»	»
— — NOVA	»	»
— GLUMACEA (*Urostigma* Glum.)	5	»
— GRELLII, H. M. petits.	10	»
— — moyens.	20	»
— — très-forts	50	»
— GIGANTEA (*Urost. gig.* Miq.)	10	»
— HETEROPHYLLA (*U. heter.* id.)	3	»
— HISPIDA, *Lin.* (*Covellia hispida* Miq.)	2	»
— IMPERIALIS (Voir *Ficus macrophylla.*)	»	»
— INDICA (Nom douteux)	3	»
— LAURIFOLIA (*Urost. laurif.* Miq.) *Ficus Paulettii*	3	»
— MAXIMA	5	»
— MACROPHYLLA, COVELLIA MACROPHYLLA, Miq. *Ficus Boxburghii*, Wahl. *Artocarpus imperialis* H.	5	»
— — SPECIOSA, *Lind.* (*Urostigma.*)	5	»
— NOBILIS, *Lind.* (*F. Porteana* H. M.) petits.	5	»
— — moyens.	15	»
— — très-forts	30	»
— NEUMANII (*Urost. Neumanii* Miq.)	5	»
— NUTANS.	»	»
— NYMPHŒFOLIA (*Urost. nymph.* Miq.)	5	»
— OPPOSITIFOLIA (*Covellia opposit.* Gasp.)	5	»
— PELLUCIDA (*Urost. pel.* Miq.)	5	»
— POPULIFOLIA (*Urost. pop.* Miq.)	5	»
— PERGAMEA (*Urost. Perg.* Miq.)	5	»
— RELIGIOSA (*Urost. relig.* Gasp.)	5	»
— RUBIGINOSA, *Desf.* (*Urost.* Miq.)	1	»
— SUBPANDURÆFORMIS (*F. Leonensis.*) *Urostig. subpand* . . Miq	2	»
— STRICTA	1	»
— SCABRA	2	»
— SCANDENS, *Lam.* (*Urost. sc.*)	1	»
— SPURIA	5	»
— SALICIFOLIA	4	»
— TOMENTOSA	2	»
— UROPHYLLA	3	»
— VENUSTA (*Urostigm. ven.* Miq.)	»	»

BEGONIA.

fr. c.

BEGONIA BULBOSA. Espèce réussissant très-bien en pleine terre, et propre à faire des bordures aux corbeilles de *B. fuchsioides*. . . . . 1 »

— DISCOLOR. Espèce bulbeuse servant à faire des bordures aux massifs plantés en terre de bruyère. . . . . » 50
la douzaine. . . . . 5 »

— MINIATA FUSCHIOIDES. Magnifique espèce, réussissant admirablement en pleine terre, et avec laquelle on peut faire des corbeilles qui se couvrent de gracieuses fleurs rouges, depuis le mois de juin, jusqu'aux gelées . . . petits. » 50
la douzaine. . . . . 5 »
d'un mètre de hauteur. . . . . . . 5 »

— INGRAHMII. Très-jolie petite espèce se couvrant, toute l'année, de fleurs d'un rouge cerise. . . . . 1 »

— LUCIDA. Espèce d'un grand effet en pleine terre et en corbeilles, où elle fleurit abondamment pendant toute la belle saison. . . . . 1 »

— BOLIVIANA. Gigantesque espèce, à feuillage ornemental. Il n'est pas rare de voir ses feuilles atteindre 75 cent. de diamètre, avec pétioles de 60 centim. de hauteur. C'est une superbe plante pour la pleine terre, en été. . . . . 3 »
très-forts. . . . . 10 »

— DIVERSIFOLIA. Très-belle espèce bulbeuse, fleurissant à l'automne en pleine terre. Grandes et nombreuses fleurs roses . . . . 1 »

— PRESTONIENSIS. Digne émule du *B. miniata fuchsioïdes*, recommandable pour la pleine terre, où il se couvre, pendant quatre mois de la belle saison, de nombreuses fleurs rouge cinabre. . . . . 1 »

— — la douzaine. . . . . 10 »

— RICINIFOLIA. Grande et magnifique espèce, dont les feuilles rappellent celle du *Ricin ;*

		fr.	c.
	végétation vigoureuse, fleurissant très-bien en pleine terre.	2	»
BEGONIA RICINIFOLIA.	La douzaine.	18	»
— TOMENTOSA.	Espèce sous-frutescente, à cultiver à l'ombre, en pleine terre, pendant l'été. Son feuillage, à dessous d'un rouge sang, produit un bel effet ornemental	1	50
— —	la douzaine.	15	»
— REX, VAR. IMPERATOR.	Variété du *Begonia rex*, très-grande, s'accommodant parfaitement de la pleine terre, à l'ombre, pendant l'été. On en peut former des corbeilles d'un aspect admirable et nouveau.	3	»
— —	forts	5	»

Tous les Begonia, ci-dessus, produisent, cultivés en corbeilles de terre de bruyère, un très-bel effet pendant la belle saison. Cette terre, d'une faible épaisseur, doit être placée sur une couche de gros sable de rivière.

La condition essentielle, pour obtenir une belle végétation de ces plantes, c'est de les placer à mi-ombre, et d'éviter une humidité stagnante, au pied.

CANNA.

Nous n'indiquons, dans la collection des Canna, qu'un surchoix des plus belles variétés, livrées au commerce depuis quelques années. Plusieurs de ces variétés atteignent les dimensions des plus grands bananiers, et présentent, sur ces derniers, l'avantage d'avoir un feuillage résistant à l'action du vent.

Tous les amateurs de jardins savent, aujourd'hui, le parti qu'on peut tirer de cet admirable genre de plantes. Soit en corbeilles, soit en groupes, si l'on a soin de combiner les couleurs de leur feuillage, ainsi que la hauteur de leur port, les Canna n'ont pas de rivaux.

C'est la ville de Paris qui a inauguré, dès 1855, sur une grande échelle, la culture des Canna, en pleine terre pendant la belle saison. Avant cette époque, ces plantes avaient toujours été cultivées en serres chaudes, ou au moins en serres tempérées.

	fr.	c.
CANNA AURANTIACA SPLENDIDA..	2	»
— — PURPUREA	1	»
— ATRONIGRICANS. Magnifique variété remarquable par son beau feuillage rouge-noir.	3	»
— ANNEI.	»	50
— — SUPERBA.	1	»
— Mme ANNÉE	1	»
— CHATEI DISCOLOR.	»	50
— EXPANSA.	1	»
— GIGANTEA, *Desfontaines*, Admirable et très-rare espèce, atteignant des dimensions colossales (ne pas confondre cette espèce avec le *C. gigantea* du commerce).	50	»
— HOULLETII. Très-belle et remarquable nouveauté; grandes et belles feuilles à nervure médiane noirâtre, fleurs très-grandes d'un beau rouge carmin.	10	»
— IRIDIFLORA. Superbe espèce pour l'ornement des serres chaudes; trop délicate pour la pleine terre	10	»
— IMPERATOR. Bonne variété à larges feuilles.	1	»
— LIERVALII. Un des meilleurs pour la pleine terre . .	2	»
— LILIFLORA. Cette espèce, toujours rare et d'une magnificence remarquable, ne réussit bien qu'en serre chaude	20	»
— LIMBATA GRANDIFLORA	»	50
— MACROPHYLLA	1	»
— MUSÆFOLIA HYBRIDA.	2	»
— — EXCELSA.	2	»
— — GIGANTEA.	2	»
— NIGRICANS. Variété hors ligne pour la pleine terre. Grandes feuilles rouge-brun	3	»
— PERUVIANA	1	»
— — ROBUSTA	1	»
— VAN-HOUTTEI	1	»
— WARCEWICZII.	»	50
— WARCEWICZIOIDES	»	50
— ZEBRINA.	1	»
— — NANA.	1	»
— — NOVA.	1	»

DRACÆNA.

Tous les *Dracæna* s'accommodent parfaitement de la pleine terre pendant la belle saison. Ils produisent de très-beaux effets; les grandes espèces, isolées ou en groupes, sur les pelouses; et les autres, en corbeilles ou en massifs. Presque tous demandent la terre de bruyère. Néanmoins, pour obtenir une belle végétation, on pourra ajouter, pour quelques espèces les plus vigoureuses, un peu de terreau de décomposition de fumier. Dans tous les cas, il faut avoir soin de drainer le sol; car ces plantes craignent beaucoup l'humidité stagnante.

	fr.	c.
DRACÆNA ARBOREA. Espèce gigantesque et très-belle.	10	»
— AUSTRALIS (*Cordyline*). Magnifique pour la pleine terre et pour les garnitures d'appartement.	3	»
— BANKSII. Petite espèce gracieuse.	2	»
— BRASILIENSIS H. (*Calodracon heliconiæfolius*, Planch. *Eschscholtziana*). Une des plus belles espèces pour la pleine terre et pour les appartements. A placer à mi-ombre en pleine terre, pendant l'été.	2	»
— — forts.	5	»
— CANNÆFOLIA (*Cordyline*). Superbe port; plante rustique pour la pleine terre et pour les appartements.	6	»
— CERNUA *Jacq.* (*D. reflexa*. H.). Espèce grêle et gracieuse pour les serres chaudes.	1	»
— CONGESTA (*Cordyline stricta*). La plus rustique de toutes les espèces connues, pour la pleine terre et pour les appartements.	1	»
— CÆRULEA (*Cordyline*). Grande et magnifique espèce pour la pleine terre.	6	»
— DRACO. Espèce gigantesque et à port gracieux; à isoler sur les pelouses	10	»
— ENSIFOLIA (*Cordyline*). Même mérite que le *D. congesta*, feuilles plus longues. .	3	»
— — forts	5	»
— FERREA (*Calodracon terminalis*, Planch.). Belle espèce à feuilles rouges pour les serres et les appartements : ne supporte pas l'exposition du dehors. . .	1	»
— FRAGRANS (*Cordyline*). Très-belle espèce, à grand		

	fr.	c.
effet pour les serres chaudes et pour les appartements	3	»
DRACÆNA FRAGRANTISSIMA. Très-bonne plante pour la pleine terre où elle réussit aussi bien que l'*Australis*.	3	»
— GRACILIS. Espèce mignonne pour la serre chaude, et pour les petites jardinières.	3	»
— GUATEMALENSIS. Très-grande espèce pouvant donner des feuilles de 1 mètre de longueur. Propre à être isolée sur les pelouses en été.	10	»
— INDIVISA. Très-gracieuse espèce pour les appartements et pour la pleine terre, où elle réussit très bien.	6	»
— LATIFOLIA MARGINATA. Espèce très-mignonne et gracieuse pour former de petits groupes, en pleine terre, pendant l'été; et d'un bel effet pour la décoration des appartements.	2	»
— MAURITIANA. Joli pour la serre chaude.	5	»
— NIGRA (*D. Fontanesiana*). Très-belle et vigoureuse espèce pour la pleine terre en été	5	»
— RUBRA (*Cordyline rubra*, Hügel.) Très bonne espèce pour les appartements, et en pleine terre, à mi-ombre, pendant l'été; dans ce cas, éviter l'humidité	1	»
forts.	3	»
— SPECTABILIS. Espèce rare et d'une végétation remarquable pour la pleine terre, pendant l'été.	20	»
— UMBRACULIFERA. Un des plus beaux du genre pour les serres tempérées et les jardins d'hiver.	20	»
— ELLIPTICA. Pour les appartements.	1	»

GRAMINÉES ORNEMENTALES.

Ces magnifiques plantes réunissent toutes les qualités : culture facile, végétation luxuriante, port élégant. Elles servent admirablement à la décoration des pelouses.

	fr.	c.
ANDROPOGON FORMOSUM. L'une des plus belles Graminées connues. Isolée sur les pelouses, elle produit un magnifique effet, et forme des touffes de 2 m. 50 c. de hauteur.	5	»

fr. c.

ANDROPOGON HALEPENSE. Espèce très-rustique qui, plantée isolément, forme de belles gerbes ornées de volumineux épis pourprés. . . . . 1 »

— SCHÆNANTHUS. Belle Graminée, dont les feuilles ont une délicieuse odeur de citronnelle. . . . . 2 »

— SQUARROSUM. Belles touffes à isoler sur les pelouses. . 2 »

ARUNDO MAURITANICA, FOL. VARIEG. Espèce plus rustique, et à rameaux plus grêles que l'*A. donax*; fleurissant parfaitement en automne. . . . . 1 »

BAMBUSA FORTUNEI, FOL. ALBOVITTATIS. Très-jolie petite miniature de pleine terre, à feuilles rubanées vert et argent. . . . . 10 »

— AUREA. Le plus beau des bambous rustiques de plein air. Cette plante est, ici, d'une végétation vigoureuse, et deviendra, par la suite, un des végétaux les plus ornementals de nos jardins paysagers. . . . . 5 »

— — très-forts. . . . . 10 »

— METAKE. Ce bambou de pleine terre, très-rustique, forme de très-grosses touffes de 3 à 4 mètres de hauteur, et d'un diamètre pareil. Il est d'un très-bel effet au bord des eaux, et s'accommode généralement de tous les terrains. On peut en voir un très-bel exemplaire dans les îles du bois de Boulogne. . . . . 1 »

— — très-forts. . . . . 5 »

— NIGRA. Très-jolie espèce, mais plus délicate que les précédentes. . . . . 2 »

— THOUARSII. Grande espèce de serre chaude. . . . . 5 »

— SCRIPTORIÆ. Petite espèce de serre chaude. . . . . . . 5 »

CINNA ARUNDINACEA. Graminée dressée, s'élevant à 1 m. 50 c., et se terminant, en automne, par de nombreux et élégants épis argentés. D'un bel effet, placée sur les pelouses, par touffes isolées (*Imperata sacchariflora*). . . . . 1 »

ERYANTHUS RAVENNÆ. Très-grande Graminée des bords de la Méditerranée. D'un grand effet au bord des bassins et des ruisseaux. . . . . » 50

ELYMUS ARENARIUS. Plante très rustique, même emploi. . . » 50

	fr.	c.
SACCHARUM PERENNE	3	»
— OFFICINARUM.	3	»
— VIOLACEUM	3	»

Les *Saccharum* sont de très-belles plantes qui, plantées en touffes, sur les pelouses, pendant la belle saison, produisent un très-bel effet.

MUSA.

Ce superbe genre de plantes exotiques n'avait été cultivé, jusqu'en ces derniers temps, que dans les serres chaudes, où il ne pouvait être admiré que par le petit nombre de personnes possédant des serres. Aujourd'hui, ce végétal est à la portée de tout le monde, puisqu'il peut être cultivé en pleine terre pendant l'été, et que ses rhizomes peuvent être rentrés à l'automne, et conservés, pendant l'hiver, dans un endroit sec et à l'abri de la gelée, de même que les *Cannas.*

L'essai en grand, de cette culture en plein air, a été fait, depuis cinq années déjà, dans les jardins publics de la ville de Paris, où il a parfaitement réussi. Certaines espèces, à feuillage moyen, sont plus propres à cette culture que d'autres à grandes feuilles, que le vent déchire généralement au printemps et en automne.

	fr.	c.
MUSA DISCOLOR. Très-belle espèce à feuilles coriaces, violacées en dessous, résistant au vent en pleine terre. . .	25	»
— PARADISIACA. Très-grande espèce ancienne, propre à l'ornementation des grandes serres chaudes. . .	5	»
— ROSACEA. Cette espèce atteint seulement 1 m. 50 c. de hauteur. Elle réussit très-bien, en été, dans la pleine terre, où elle forme des touffes très-fortes, ce qui lui permet de résister à l'action du vent, et la rend très-ornementale.	2	»
la douzaine.	18	»
— SAPIDA. Variété du *M. paradisiaca*, plus résistant et plus propre à être employé en pleine terre. . . .	25	»
— SAPIENTUM. Grande espèce, à grand feuillage elliptique, une des plus ornementales pour les serres chaudes, où elle atteint de grandes dimensions. .	5	»

	fr.	c.
MUSA SINENSIS. Cette espèce réussit bien en pleine terre pendant l'été. Les pieds relevés en automne, fructifient facilement en serres	5	»
forts	10	»
— TEXTILIS (*M. abacca*) Espèce encore rare, et plus délicate que les précédentes.	25	»
— VITTATA. Bananier nouveau, très-vigoureux en pleine terre; à feuilles panachées de blanc et quelquefois de violet. Très-ornemental pour les serres chaudes.	50	»
— ZEBRINA. Très-belle espèce de grandeur moyenne, à feuilles richement zébrées de brun. Ornement obligé de toutes les serres chaudes.	10	»

Les *Musa coccinea, ensete, glauca, ornata,* etc., ne sont pas encore disponibles.

SOLANUM.

La collection de Solanum que possède la ville est la plus complète qu'on ait encore réunie sur le continent. Toutes ces espèces, essayées à la pleine terre, ont généralement donné des résultats satisfaisants, tant sous le rapport ornemental que sous celui d'une riche végétation, et beaucoup d'entre elles méritent de se trouver dans tous les jardins bien tenus, à côté des plus beaux végétaux d'ornement des autres genres.

Nous possédons, en outre, un grand nombre d'espèces nouvelles ou rares, qui ne seront disponibles que plus tard, à cause de leur non-multiplication.

	fr.	c.
SOLANUM ACULEATISSIMUM, *Jacq.* Espèce sous-frutescente, très-épineuse; feuilles velues, presque cordiformes, lobées; corolle à cinq divisions, blanche; baie globuleuse.		
Cette plante n'a rien de bien remarquable sous le rapport ornemental.	1	»
— AMAZONICUM, *Dun.* (*Nycterium amaz.*). Tige frutescente, tomenteuse, sans épines; feuilles oblongues, sinueuses, lobées, bronzées supérieurement, blanchâtres en-dessous; calice des fleurs fertiles épineux; corolle irrégulière.		

fr. c.

Très-brillante espèce, couverte, pendant tout l'été, de fleurs d'un bleu violet. . . . . 1 »

SOLANUM ARGENTEUM, *Dun.* Espèce sans épines; rameaux lépreux; petites feuilles ovales, vertes et glabres en dessus, argentées en dessous ; fleurs blanches, petites.

Peu de valeur sous le rapport ornemental . . . 1 »

— ATROSANGUINEUM, *Dun.* (*S. atropurpureum* H.). Grande espèce sous-frutescente, très-épineuse. Tige brune-rougeâtre, luisante; feuilles laciniées, d'un vert brillant à nervures blanchâtres; fleurs, petites, d'un jaune verdâtre; fruits, ovoïdes, jaunâtres.

Cette espèce, d'une physionomie remarquable, est très-propre à être isolée, en forts pieds, sur les pelouses, ou à être plantée en groupes ou en massifs.. . . . . 1 »

— AURICULATUM, *Dun.* (*S. mauritianum*, Scop. *S. hyporrodon* H.)

Très-grande espèce sans épines. Tiges sous frutescentes; grandes feuilles ovales oblongues. laineuses, d'un vert gai, plus blanches en dessus; à l'aisselle des feuilles, foliolles auriculées, contournées; fleurs en corymbes, petites, violacées; baies globuleuses, jaunâtres.

Plante ornementale, remarquable par sa belle végétation. A isoler, ou à grouper sur les pelouses 1 »

— BALBISII, *Dun.* Espèce frutescente, épineuse, un peu velue, à feuilles pinnatifides, sinueuses, dentées, molles, et à nervures blanchâtres; fleurs blanches, presqu'à cinq divisions; baies, ovoïdes, enveloppées dans un calice épineux. . . . . 1 »

— BETACEUM, *Cav. Dun.* (*S. crassifolium*, Ort.). Superbe espèce, atteignant 3 mètres de hauteur. Tiges frutescentes, droites, vertes, maculées de gris, et herbacées au sommet; feuilles cordiformes, d'un pied, et plus, de longueur, épaisses, luisantes en dessus; fleurs blanches rosées; baies, grosses, d'abord vertes-jaunâtres et ensuite rouges.

Espèce très-ornementale, d'un

fr. c.

très-bel effet en forts pieds isolés ou groupés. . . . . 1 »

SOLANUM BETACEUM. Forts. . . . . 5 »

— — extra, de 2 m. de hauteur . . . . 20 »

— — PURPUREUM. Variété du précédent à feuilles pourprées . . . . 3 »

— BONARIENSE, *Dun.*, *Dill.* (*S. Arborescens,* Mœnch.) Tiges frutescentes, presque sans épines; feuilles lancéolées, sinueuses, à base inégale; grandes fleurs blanches en corymbe; baies globuleuses, jaunes . . . . 1 »

— — à fleurs violettes . . . . 1 »

Le *Solanum Bonariense,* et sa variété à fleurs violettes, sont de très-jolies plantes d'ornements, qui se couvrent de fleurs pendant tout l'été.

— CALYCARPUM. Très-belle espèce épineuse, à tiges, pétioles et feuilles, revêtus d'un duvet violacé, surtout aux extrémités; feuilles très-grandes, cordiformes, aiguës, à larges dents, presque gauffrées, et plus épineuses en dessous qu'en dessus; calice violet, non épineux; fleurs violettes. Elle n'a pas fructifié.

Belle plante ornementale atteignant 1 mètre et plus de hauteur . . . . 3 »

— CAPSICASTRUM FOL. VARIEG. Jolie petite plante à feuilles panachées, bonne pour bordures. . . . . . . 1 »

— CAROLINENSE, *Jacq. Dun.* Espèce vivace à tiges annuelles; feuilles ovales-oblongues, tomenteuses, sinueuses-anguleuses; fleurs, à cinq divisions, bleues ou blanches.

Plante de collection. . . . . 1 »

— CERASIFORME (*Lycopersicum cerasif.* Dun. *S. pomiferum,* Cav., *S. spurium.*, Gmel.). Plante herbacée, velue; feuilles laciniées.

Espèce de collection, insignifiante sous le rapport ornemental.. 1 »

— CITRULLIFOLIUM. Espèce sous-frutescente, épineuse; feuilles pinnatifides, plus pubescentes en dessous qu'en dessus, calice très-épineux; fleurs lilas, à cinq divisions.

Cette espèce, peu brillante, et qui paraît délicate, a les feuilles beaucoup plus petites et plus

fr. c.

déliées que celles des *S. Balbisii, sysimbriifolium, spinosissimum* et *decurrens*. . . . . 1 »

SOLANUM COCCINEUM, *Jacq. Dun.* (*S. tomentosum v. coccineum, Wild.*) Tige frutescente, épineuse; feuilles ovales, tomenteuses; fleurs bleuâtres; baies rouges. Cette espèce présente peu d'intérêt comme plante d'ornement. 1 »

— CRENULENTUM, H. Très-petite espèce buissonnante, remarquable seulement par ses baies rouges et persistantes, dans le genre du *S. pseudo-capsicum* . » 50

— CRINITUM. *Lam. Dun.* Superbe plante de la Guyane, à tiges frutescentes, velues et épineuses, épines violettes à la base et blondes au sommet; feuilles très-grandes, épaisses, ridées, d'un vert plus foncé en dessus qu'en dessous et à nervures violacées en dessus; les jeunes feuilles, très-velues, sont d'un vert très-pâle; fleurs, grandes, blanches, à cinq divisions.

Cette très-belle et remarquable espèce a des feuilles qui atteignent aisément 75 centimètres de longueur, lorsqu'elle est placée dans une terre convenable, c'est-à-dire riche en humus.

C'est une magnifique plante à isoler sur les pelouses . . . . 10 »

— DECURRENS, *Balb.* Espèce sous-frutescente, épineuse; tiges grisâtres, teintées de violet au sommet des rameaux; feuilles pinnatifides, pubescentes, épineuses; calice violacé; fleurs blanches, teintées de violet en dessous; fruits globuleux, jaune orange.

Cette espèce, qui diffère des *S. Balbisii, sysimbriifolium* et *spinosissimum*, par son port plus grêle, par ses feuilles moins amples, à lobes plus écartés, et par la teinte violacée de ses jeunes rameaux et de ses sommités florales, n'a rien de bien remarquable sous le rapport ornemental. . . 1 »

— DIPHYLLUM, *L. Jacq. Dun.* Plante sous-frutescente, toujours verte; tiges ligneuses, noirâtres; feuilles dimorphes, entières, lancéolées ou ovales; fleurs, petites, blanches; baies globuleuses jaune-orange. 2 »

— DISCOLOR. H. Non *Dun.* (*S. galeatum*, André.) Magnifique espèce sous-frutescente. Tiges fortes, déprimées, vertes, épineuses, tachées de brun ou de gris, purpurines au sommet; grandes et superbes

fr. c.

feuilles cordiformes, sinuées-dentées, d'un vert chatoyant et à nervures d'un blanc d'ivoire en dessus. En dessous, les feuilles sont d'un pourpre violet, avec réseau de nervures vertes; les fleurs sont d'un rose violacé, avec une des divisions de la corolle plus ou moins profondément creusée en casque. Elle n'a pas fructifié.

Cette admirable plante est d'un très-riche effet, plantée isolément ou en groupe. . . . . 2 »

SOLANUM **eleagnifolium**, *Cav. Dun.* Espèce frutescente, à feuilles oblongues-ovales, blanchâtres en dessous, d'un vert jaunâtre en dessus; fleurs bleues, grandes; baies globuleuses, jaunes. Non disponible. . . . » »

— **eneodontum**. Grande espèce à tiges vertes, duveteuses, purpurines dans quelques parties, et revêtues de grosses épines éparses; feuilles grandes, laciniées-dentées-sinueuses (9 dents), molles, pubescentes, plus foncées en dessus; sommités revêtues d'un duvet fauve. Elle n'a pas encore fleuri ici.

Belle plante d'ornement, remarquable par un noble port et une forte végétation. A isoler où à grouper sur les pelouses. . . . . 3 »

— **fastigiatum**, *Wild. Dun.* Espèce frutescente, rameuse, faiblement épineuse, et quelques fois sans épines; feuilles oblongues-lancolées, à base inégale, sinueuses-anguleuses ou entières; grandes fleurs bleuâtres, à centre jaune; baies globuleuses, orange.

Très-belle espèce se couvrant de fleurs pendant toute la belle saison. . . . . 2 »

— **fontanesianum**, *Dun.* Non disponible . . . . » »

— **giganteum**, *Jacq. Dun.* (*S. niveum*, *Vahl.*) Espèce sous-frutescente, épineuse, tomenteuse et blanchâtre; feuilles lancéolées, grandes, accompagnées de plus petites naissant à leur aisselle; fleurs en corymbe, nombreuses, petites, pourpre violet.

De forts sujets de cette belle plante produisent un bel effet pour la décoration des jardins paysagers.. . . . . 2 »

— **gilo**, *H.* Ce solanum n'est remarquable que par l'abondance et la longue durée de ses baies rouges ou jaune-orange, qui le couvrent entièrement en

fr. c.

automne, et qui persistent après la chute de ses feuilles. Rentrée en serre, cette plante en est, pendant longtemps, l'ornement. . . . . » 50

Un semis de *Solanum gilo*, fait le printemps dernier, nous a donné quatre variétés, dont nous avons récolté des graines. Ces variétés, issues des mêmes graines, sont : une variété épineuse à tiges vertes ; — une à tige verte sans épines ; — une autre épineuse à tiges violettes ; — et enfin une à tiges violettes, sans épines.

SOLANUM GLAUCOPHYLLUM, *H*. Espèce frutescente, sans épines ; feuilles longues, lancéolées, entières, glauques ; fleurs lilas avec une étoile jaunâtre au centre.

Joli effet, multiplication facile. . . . . » 50

— GLUTINOSUM, *Dun.*, *Poir*. Très-belle plante atteignant 2 mètres de hauteur. Tige très-faiblement épineuses et recouvertes d'un duvet fauve ; feuilles lancéolées, ondulées, molles, un peu retombantes et revêtues, surtout dans les jeunes, d'un duvet fauve ; fleurs en grappe, grandes, plissées, d'un lilas clair. Les feuilles, pédoncules et calices, sont visqueux.

Espèce ornementale à isoler en forts pieds. . . 2 »

— HERMANNI, *Dun.* (*S. Sodomœum.* L.) Solanastrum, *Heist.*

Arbrisseau épineux, à tiges vertes ; feuilles oblongues, sinueuses, pinnatifides, très-vertes, glabres en dessus, velues en dessous ; fleurs d'un violet bleuâtre ; baies jaunes et ensuite brunes.

Plante de collection. . . . . 1 »

— HORRIDUM, *Dun.*, *Poir*. Tiges cylindriques, velues et épineuses ; feuilles entières, ovales, oblongues, épineuses.

Cette espèce n'a pas encore fleuri ici. . . . . 2 »

— — AUREUM. Non disponible en ce moment. . . . . » »

— HYSTRIX, *Brown*. Tiges herbacées, diffuses, épineuses, luisantes ; feuilles oblongues, pinnatifides-sinueuses, glabres, d'un vert plus foncé en dessus qu'en dessous ; sommités un peu purpurines ; fleurs petites, violettes ; baies globuleuses, verdâtres . . . . 1 »

fr. c.

Cette espèce est peu ornementale, cependant, en raison de sa physionomie toute particulière, elle vaut la peine d'être cultivée.

SOLANUM JAPONICUM. Tiges sous-frutescentes sillonnées par la décurrence des pétioles; feuilles ovales aiguës, ondulées sur les bords, faiblement tomenteuses, d'un vert plus clair en dessous; fleur grande, d'un violet bleuâtre, à étoile jaune.

Cette charmante espèce se couvre de fleurs pendant tout l'été, et forme de magnifiques buissons, d'un aspect très-agréable . . . . . 1 »

— — RANTONNETII. Variété de la précédente, à fleurs aussi abondantes, et d'une nuance violette beaucoup plus foncée. Très-belle plante . . . 1 »

— JACQUINI, *Wild.*, *Dun.* (*S. Virginianum*, Jacq.). Tiges herbacées, rampantes, épineuses; feuilles sinueuses-pinnatifides, épineuses, d'un vert brillant à reflets gris; corolle violacée; baies oblongues-arrondies, panachées de vert et de gris. Même mérite que le *S. hystrix*. . . . . 1 »

— LACINIATUM, *Ait.* (*S. pinnati-fidum*, Lam.). Grande espèce non épineuse, à tiges succulentes, sous frutescentes à la base, sillonnées; feuilles pinnatifides, à lobes linéaires lancéolées, le terminal allongé; quelques feuilles entières linéaires-lancéolées; fleurs bleues, grandes, à 5 divisions; baies sub-globuleuses, déprimées, jaunâtres.

Très-belle plante ornementale, remarquable par sa végétation luxuriante; à placer, isolément, en pleine terre substantielle . . . . 1 »

— LANCÆFOLIUM, *Cav.* Non disponible en ce moment. . . » »

— LATIFOLIUM. Non disponible . . . . » »

— MACROCARPUM, *L. Mill.*, *Dun.* Espèce sans épines. Tiges herbacées, annuelles, teintées de violet en quelques endroits; feuilles grandes, décurrentes, ovales-oblongues, à lobes arrondies, d'un vert glauque brillant; nervures violacées en dessus; fleurs sub-campanulacées, lilas violet, teintées de pourpre le long des divisions de la corolle; baies

fr. c.

globuleuses, jaunes . . . . 2 »

SOLANUM MACROPHYLLUM, *Dun.* (*S. grandiflorum*, Desf.). Non disponible. . . . . » »

— MAMMOSUM, *L.* (*S. villosissimum*, Zuccag.) Non disponible en ce moment. . . . . » »

— MARGINATUM, *L.*, *Jacq.*, *Dun.* (*S. niveum, Allioni.*). *S. abyssinicum*, Jacq. Arbrisseau de plus de 2 mètres de hauteur, épineux; rameaux supérieurs tomenteux et recouverts d'une pulvérulence blanche; feuilles épineuses, presque cordiformes, sinueuses-lobées, obtuses, tomenteuses, blanches dans le jeune âge, puis verdâtres, avec une bordure blanchâtre en dessus. Pétioles, pédoncules, pédicelles, calices, blancs, tomenteux ; fleurs grandes, blanches avec une petite étoile pourprée au centre; baies globuleuses, jaunes, pendantes.

Ce Solanum est le plus ornemental de tous ceux que nous possédons. Ses tiges et son grand feuillage argenté, produisent un effet admirable, dans les jardins paysagers. . . . . 1 »

— — très-forts. . . . . 3 »

— MARONIENSE. Non disponible. . . . . » »

— OLERACEUM, *Rich.*, *Dun*. Espèce herbacée, à très-petites fleurs lilas; baies noires. Plante de collection » 50

— OVIGERUM, *Dun.* (*S. Melongena*, Murr. Blackw.) Non disponible . . . . » »

— PAPILLONACEUM, *Pay*. Non disponible. . . . . » »

— PENTAPETALOIDES. Espèce sous-frutescente, épineuse ; tiges vertes, pourprées par places; feuilles quinquélobées, glauques en dessous, pubescentes en dessus, ciliées, très-épineuses; fleurs blanches, petites, profondément quinquéfides. Plante de collection 1 »

— PSEUDO-CAPSICUM, *L. Sabb. Dun.* (*S. Americanum*, Dalech.). *Amomum*.

Plante très-connue et cultivée pour ses nom-

fr. c.

breuses et persistantes baies rouges, qui la rendent charmante en automne. . . . . 1 »

SOLANUM **PUBIGERUM**, *Dun.*, *Mcz.* et *Sessé*. Ne sera disponible qu'à l'automne. . . . . » »

— **PYRACANTHUM**, *Lam.*, *Smith.*, *Dun.* (*S. runcinatum*, Wendl.).

Charmante espèce garnie d'épines rouges, presque coccinées; feuilles sinueuses - pinnatifides, à nervure médiane, de la face supérieure, rouge feu; fleurs d'un bleu violet; baies jaunâtres.

En raison de ses épines, et des nervures de ses feuilles, d'une couleur feu éclatante, cette espèce produit un bel effet dans les jardins paysagers. . . . . 1 »

très-forts. . . . . 5 »

— **QUITOENSE**, *Lam.*, *Dun.* (*Sol. angulatum*, Fl. Per.).

Magnifique espèce, à tiges sous frutescentes, sans épines, recouvertes d'un épais duvet teinté de violet; grande feuilles subcordiformes, sinueuses, anguleuses, veloutées, d'un vert bronzé avec des nervures violettes en dessus, revêtues en dessous, d'un duvet violet; fleurs blanches intérieurement, violacées à l'extérieur; quelques divisions de la corolle sont un peu creusées en casque, dans le genre de celles du *S. discolor*.

Cette très-remarquable plante, qui porte, dans le commerce, différents noms impropres, tels que : *S. villosum*, *frondulentum*, produit un magnifique effet, en forts pieds, isolée sur les pelouses, dans un riche compost. . . . . 5 »

— **RADICANS** *L. Dun.* (*S. quercifolium*. Fl. Per.).

Espèce herbacée, sans épines, à feuilles décurrentes, pinnatifides; à petites fleurs pentagones blanches ou violettes. Sans valeur ornementale. 1 »

— **RECLINATUM** (*S. pinnatifidum*, Lam.).

Le Solanum que nous avons reçu sous ce nom, nous a paru différer très-peu du *S. laciniatum;* aussi ne le conservons nous, comme espèce distincte, que jusqu'à ce que nous ayons pu l'étudier. 1 »

— **ROBUSTUM**. Très belle espèce épineuse, s'élevant à

fr. c.

2 m. de hauteur. Tige, revêtue d'un duvet blanchâtre et fauve, ailée ainsi que les pétioles, par la décurrence des feuilles qui sont très-grandes, veloutées et revêtues, surtout dans leur jeunesse, d'un duvet roux éclatant. Inflorescence scorpioïdes. Fleurs petites, d'un blanc jaunâtre.

C'est une plante très-ornementale et recommandable par sa rusticité. . . . . 1 »

SOLANUM SIEGLINGII. (*S. species de san Pedro.* H.) Grande espèce sous-frutescente, atteignant 3 mètres de hauteur. Tiges vertes, sillonnées, revêtues d'un duvet rude et munies d'épines, à large base, brunes au sommet. Feuilles très-grandes, cordiformes, lobées, molles, tomenteuses, un peu visqueuses et armées d'épines vertes.

Ce Solanum, que nous n'avons pas encore vu fleurir ici, est excessivement remarquable par sa belle végétation et par le magnifique effet qu'il produit, soit en groupes, soit placé isolément, en forts pieds, sur les pelouses. . . . . 1 »

forts. . . . . 4 »

— SPINOSISSIMUM. Sous ce nom, nous avons reçu un Solanum qui ne nous paraît être qu'une variété du *S. Balbisii.* Il en diffère par un port plus compacte, par une plus grande quantité d'épines et par des feuilles plus amples, gauffrées et munies de nervures plus fortes et plus blanches.

Sous le rapport ornemental, le *S. spinosissimum* est préférable aux *Balbisii, decurrens* et *sisymbriifolium*. . . . . 1 »

— SISYMBRIIFOLIUM. *Lam.* Ce Solanum se distingue du *S. Balbisii,* dont il n'est peut-être aussi qu'une variété, par un port plus étalé et par des tiges plus velues et revêtues d'épines blondes, plus déliées. Les feuilles sont moins grandes et à lobes plus dentés et plus ondulés. . . . . 1 »

— TEXANUM. Espèce épineuse, sous-frutescente. Tiges noirâtres ainsi que les pétioles, les nervures et les épines. Feuilles ovales-lancéolées, lobées-sinueu-

fr. c.

ses, pubescentes, épineuses. Fleurs peu ouvertes, d'un blanc jaunâtre, striées de violet en dehors. Fruit comprimé, à côtes, vert noirâtre. Plante de collection. . . . . 1 . »

SOLANUM TOMENTOSUM. L. Tiges frutescentes, épineuses, d'un vert pâle; feuilles ovales, arrondies, lobées, subcordiformes, à base inégale, et recouvertes d'un duvet tomenteux cendré-verdâtre. Feurs violettes avec stries plus foncées. Calice épineux. Baies globuleuses.

Peu de mérite sous le rapport ornemental. . . 1 »

— VELLOZIANUM. *Dun.* Superbe espèce, non épineuse, à rameaux tomenteux, blanchâtres. Feuilles grandes, oblongues-lancéolées, argentées en dessous, glabres et d'un beau vert en dessus.

Cette espèce, encore rare, n'a pas encore fleuri à la Muette; elle paraît appelée à un grand succès. 6 »

— VIOLACEUM. *Jacq.* Arbrisseau épineux; feuilles tomenteuses, lobées-sinueuses, à base inégale; les supérieures géminées, d'un vert plus foncé en dessus qu'en dessous. Tiges, épines et pétioles ordinairement violacés. Fleurs violettes. Fruits petits, globuleux, orange.

Espèce peu ornementale. . . . . 1 »

Paris — Imprimerie horticole de E. DONNAUD, rue Cassette, 9.

PARIS.—IMPRIMERIE HORTICOLE DE E. DONNAUD,
9, rue Cassette 9,

www.ingramcontent.com/pod-product-compliance
Ingram Content Group UK Ltd.
Pitfield, Milton Keynes, MK11 3LW, UK
UKHW022140170726
13837UKWH00004B/1681

9 782329 568584